儿童趣味百科

U0243305

MATHS
NO PROBLEM!

英国数学真简单团队/编著　华云鹏 刘舒宁/译

DK儿童数学分级阅读 第四辑

进阶挑战

数学真简单！

电子工业出版社·

Publishing House of Electronics Industry

北京·BEIJING

Original Title: Maths—No Problem! Extra Challenges, Ages 8−9 (Key Stage 2)
Copyright © Maths—No Problem!, 2022
A Penguin Random House Company

版权贸易合同登记号　图字：01-2024-1631

图书在版编目（CIP）数据

DK儿童数学分级阅读. 第四辑. 进阶挑战 / 英国数学真简单团队编著；华云鹏，刘舒宁译. −−北京：电子工业出版社，2024.5
ISBN 978−7−121−47749−2

Ⅰ. ①D… 　Ⅱ. ①英… 　②华… 　③刘… 　Ⅲ. ①数学−儿童读物 　Ⅳ. ①O1−49

中国国家版本馆CIP数据核字（2024）第082169号

出版社感谢以下作者和顾问：Andy Psarianos, Judy Hornigold, Adam Gifford和Anne Hermanson博士。
已获Colophon Foundry的许可使用Castledown字体。

责任编辑：苏　琪　文字编辑：高　菲
印　　刷：鸿博昊天科技有限公司
装　　订：鸿博昊天科技有限公司
出版发行：电子工业出版社
　　　　　北京市海淀区万寿路173信箱　　邮编：100036
开　　本：889×1194　1/16　印张：18　字数：303千字
版　　次：2024年5月第1版
印　　次：2024年11月第2次印刷
定　　价：128.00元（全6册）

凡所购买电子工业出版社图书有缺损问题，请向购买书店调换。若书店售缺，请与本社发行部联系，联系及邮购电话：（010）88254888，88258888。
质量投诉请发邮件至zlts@phei.com.cn，盗版侵权举报请发邮件至dbqq@phei.com.cn。
本书咨询联系方式：（010）88254161转1868，suq@phei.com.cn。

www.dk.com

目 录

鲁比　　艾略特　　阿米拉　　查尔斯　　露露　　萨姆　　奥克　　霍莉　　拉维　　艾玛　　雅各布　　汉娜

比较小数的大小并排序

准 备

哪个数更大？

35.1   35.09

举 例

35.1等于3个十、5个一和1个十分之一。

35.09等于3个十，5个一和9个百分之一。

十位	个位	十分位	百分位
3	5 .	1	0

十位	个位	十分位	百分位
3	5 .	0	9

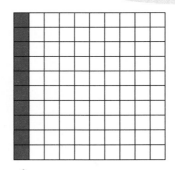

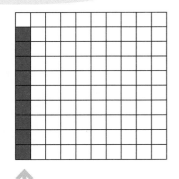

$$\frac{1}{10} = \frac{10}{100}$$

$$\frac{9}{100}$$

十分之一大于百分之九。

这个正方形由100个大小相等的方块组成。每一块是正方形的$\frac{1}{100}$。

35.1比35.09大$\frac{1}{100}$。

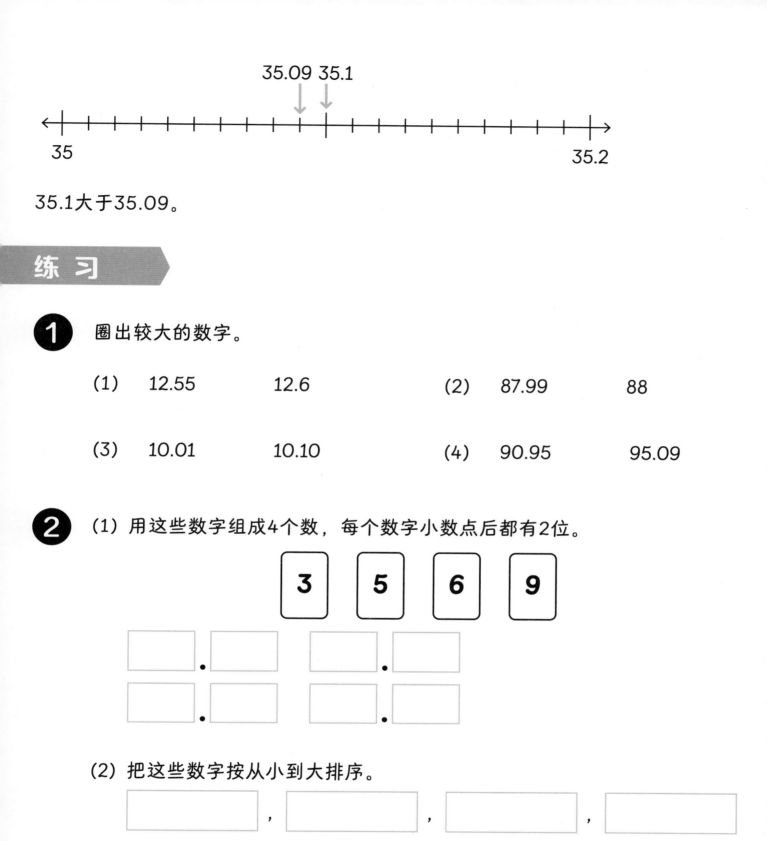

35.09 35.1

35   35.2

35.1大于35.09。

练 习

1 圈出较大的数字。

(1)　12.55　　　　12.6　　　　　(2)　87.99　　　88

(3)　10.01　　　　10.10　　　　　(4)　90.95　　　95.09

2 (1) 用这些数字组成4个数，每个数字小数点后都有2位。

3　　5　　6　　9

☐ ☐ . ☐ ☐　　　☐ ☐ . ☐ ☐

☐ ☐ . ☐ ☐　　　☐ ☐ . ☐ ☐

(2) 把这些数字按从小到大排序。

☐ ，　☐ ，　☐ ，　☐

3 ☐　比2.5大0.03、比2.55小0.02。

小数的四舍五入

四舍五入每个行李箱的质量来估计它们的总质量。

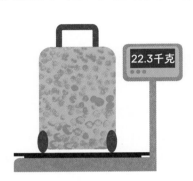

举 例

把22.7千克四舍五入到最接近的整数千克数。

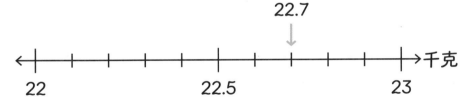

22.7更接近23而不是22。

22.7千克大约是23千克（最接近的整数千克数）。

22.7千克≈23千克

把22.3千克四舍五入到最接近的整数千克数。

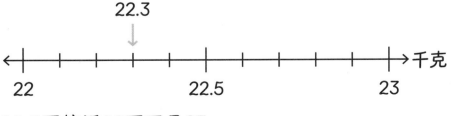

22.3千克≈22千克

22.3更接近22而不是23。

22.3千克大约是22千克（最接近的整数千克数）。

把35.5千克四舍五入到最接近的整数千克数。

35.5

把35.5千克估算为36千克。

35.5千克 ≈ 36千克

22千克 + 23千克 + 36千克 = 81千克

三个行李箱的总质量约为81千克。

35.5正好在35和36中间。

练习

1 把这些小数四舍五入到最接近的整数千克数。

(1) 46.9千克 ≈ ⬚ 千克   (2) 25.1千克 ≈ ⬚ 千克

(3) 44.5千克 ≈ ⬚ 千克

2 将每条彩带的长度四舍五入到最接近的整数厘米数，然后估算这两条彩带的总长度。

(1)

12.7厘米 ≈ ⬚ 厘米

(2)

15.2厘米 ≈ ⬚ 厘米

两条彩带的总长度约为 ⬚ 厘米。

把分数化成小数

准 备

怎么把这些分数化成小数？

$\boxed{\dfrac{1}{2}}$ $\boxed{\dfrac{1}{4}}$ $\boxed{\dfrac{3}{10}}$

举 例

把3个十分之一写为0.3。

$\dfrac{3}{10} = 0.3$

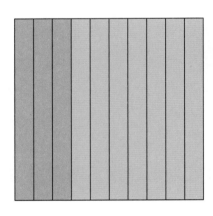

$\dfrac{3}{10} = 3个\dfrac{1}{10}。$

$\dfrac{1}{2} = 5个\dfrac{1}{10}。$

$$\overset{\times 5}{\overbrace{\dfrac{1}{2} = \dfrac{5}{10}}}$$
$$\underset{\times 5}{}$$

把5个十分之一写为0.5。

$\dfrac{1}{2} = 0.5$

$\dfrac{1}{2} = \dfrac{5}{10}$

$= 0.5$

$\dfrac{1}{4} = 25$个$\dfrac{1}{100}$

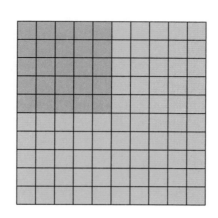

$$\dfrac{1}{4} = \dfrac{25}{100}$$
$\times 25$ / $\times 25$

$$\dfrac{1}{4} = \dfrac{25}{100}$$
$$= 0.25$$

把25个$\dfrac{1}{100}$写为0.25。

$$\dfrac{1}{4} = 0.25$$

练习

1 把这些分数化成小数。

(1) $\dfrac{4}{10}$ = ☐ 个 $\dfrac{1}{10}$ = ☐

(2) $\dfrac{3}{4}$ = ☐ 个 $\dfrac{1}{100}$ = ☐

(3) $\dfrac{2}{5}$ = ☐ 个 $\dfrac{1}{10}$ = ☐

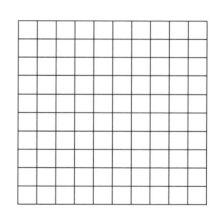

2 把这些分数化成小数。

(1) $6\dfrac{7}{10}$ 千克 = ☐ 千克

(2) $3\dfrac{1}{2}$ 厘米 = ☐ 厘米

(3) $2\dfrac{1}{4}$ 千米 = ☐ 千米

(4) $7\dfrac{4}{5}$ 千克 = ☐ 千克

整数除以100

准备

将18升颜料倒入100个相同的颜料桶里。每个桶里能装多少颜料？

颜料
18升

举例

10和8分别除以100。

10除以100等于多少？

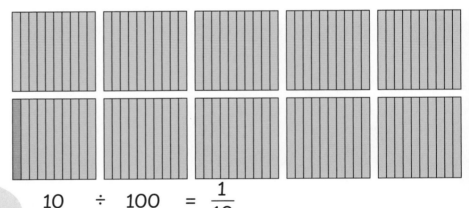

$$10 \div 100 = \frac{1}{10}$$
$$= 0.1$$

↑
十位上的数字1

↑
十分位上的数字1

$\frac{1}{10}$比10小100倍。

1长条是一个颜料桶里颜料的$\frac{1}{10}$。

10除以100，十位上的1变成了十分位上的1。

10

8除以100等于多少？

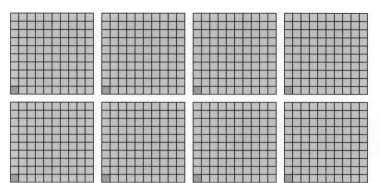

$\dfrac{8}{100}$ 比8小100倍。

$8 \div 100 = 0.08$

8除以100，个位上的8就变成了百分位上的8。

1个 ▢ 是一个颜料桶里颜料的 $\dfrac{1}{100}$。

十位	个位	十分位	百分位		十位	个位	十分位	百分位
1	8			÷100		0	1	8

$18 \div 100 = 0.18$

每个颜料桶里有0.18升颜料。

通过位值表可以看出一个数字除以100后的变化。

练 习

除一除。

 1 $9 \div 10 =$ ☐

2 $9 \div 100 =$ ☐

3 $11 \div 10 =$ ☐

4 $11 \div 100 =$ ☐

5 $80 \div 10 =$ ☐

6 $80 \div 100 =$ ☐

用凑整法巧算加法

准 备

阿米拉的爸爸要给乐队买一架钢琴和一把电吉他。他看中的钢琴标价为4 999元、电吉他标价为1 999元。

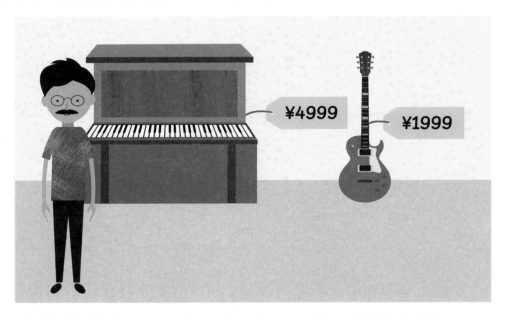

¥4999　　¥1999

如果阿米拉的爸爸买下这两件乐器，他要付多少钱？

举 例

求出1 999和4 999的总和，就能算出总费用。

像这样做加法。

$$
\begin{array}{r}
1\ 9\ 9\ 9 \\
+\ 4_1\ 9_1\ 9_1\ 9 \\
\hline
6\ 9\ 9\ 8
\end{array}
$$

12

还有一个更简便的方法。给1 999加上1，给4 999也加上1。

$$1999 + 1 = 2000$$
$$4999 + 1 = 5000$$

我已经求出两数之和了。
$$2000 + 5000 = 7000$$

别忘了减去之前加上的2，才能求出正确的结果。
$$7000 - 2 = 6998$$

如果阿拉米的爸爸买下这两件乐器，他要支付6 998元。

练 习

用凑整法做加法。

 (1) $2\,345 + 10 =$ ⬜　　(2) $100 + 587 =$ ⬜

$2\,345 + 9 =$ ⬜　　$99 + 587 =$ ⬜

(3) $3\,269 + 500 =$ ⬜　　(4) $4\,231 + 4\,000 =$ ⬜

$3\,269 + 499 =$ ⬜　　$4\,231 + 3\,998 =$ ⬜

2 (1) $999 + 2\,999 =$ ⬜　　(2) $999 + 3\,001 =$ ⬜

(3) $5\,997 + 998 =$ ⬜　　(4) $3\,998 + 5\,998 =$ ⬜

用凑整法巧算减法

准 备

阿米拉的爸爸觉得6 998元的花销太大了。于是店员跟他说，如果买二手乐器的话可以省下2 999元。

¥4999   ¥1999

如果阿米拉的爸爸买二手乐器，他要付多少钱？

举 例

可以用这个方法算出二手乐器的总价。

$$
\begin{array}{r}
\overset{5}{\cancel{6}}\ \overset{18}{\cancel{9}}\ \overset{18}{\cancel{9}}\ \overset{18}{\cancel{8}} \\
-\ 2\ 9\ 9\ 9 \\
\hline
3\ 9\ 9\ 9
\end{array}
$$

还有更简便的方法。把两个数都加上1，这样做减法更简便。

6998 + 1 = 6999

2999 + 1 = 3000

给两个数加上相同的数之后，差值不变。

很容易就能算出6999减3000的差。
6999 − 3000 = 3999

还可以借助数线求差值。

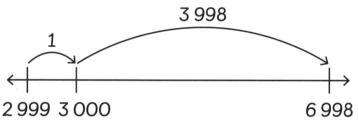

3000 − 2999 = 1
6998 − 3000 = 3998
1 + 3998 = 3999

如果阿米拉的爸爸买二手乐器，他要支付3999元。

练 习

用凑整法做减法。

 1　(1) 43 − 19 = 　　　　　　　　　(2) 101 − 99 =

　　(3) 803 − 198 = 　　　　　　　　(4) 1000 − 326 =

　　(5) 5000 − 1674 = 　　　　　　　(6) 9008 − 99 =

2　(1) 1001 − 999 = 　　　　　　　(2) 1001 − 199 =

　　(3) 700 − 675 = 　　　　　　　　(4) 1700 − 1575 =

加法和减法

准 备

花卉市场有1 285盆郁金香和3 634盆水仙。后来卖出了468盆郁金香和1 532盆水仙。

花卉市场总共还剩多少盆花？

举 例

将这两种花的数量相加，算出最开始的总数。

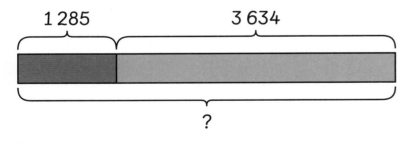

```
    1   2   8   5
+   3   6₁  3   4
─────────────────
    4   9   1   9
```

把468和1532相加，算出卖出的总盆数。

花卉市场起初共有4 919盆。

可以这样算468＋1532。花卉市场共卖出2 000盆。

468 + 32 = 500
500 + 1500 = 2000
468 + 1532 = 2000

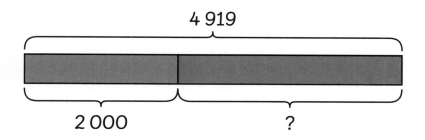

将这两种花的数量相加，算出最开始的总数。

4 919

2 000 ?

$4\,919 - 2\,000 = 2\,919$

花卉市场还剩2 919盆花。

练习

面包师一天要烤396个原味面包。他烤的黑麦面包比原味面包多129个。

1 他烤了多少个黑麦面包？

他烤了 ⬜ 个黑麦面包。

2 他总共烤了多少个面包？

他总共烤了 ⬜ 个面包。

3 一家超市买走了一半的原味面包和500个黑麦面包。面包师总共还剩多少个面包？

面包师总共还剩 ⬜ 个面包。

三位数乘法

准 备

1袋米的重量是1小包米的3倍。

1袋米和2小包米的总重量是多少?

大米
454克

举 例

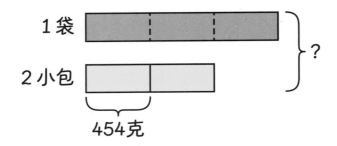

1袋

2 小包

454克

?

1小包米重454克。

1袋米的重量是1小包米的3倍。

用5乘454来求总重量。

$$
\begin{array}{r}
4\ 5\ 4 \\
\times \quad {}_{2}\ {}_{2}\ 5 \\
\hline
2\ 2\ 7\ 0
\end{array}
$$

425 × 5 = 2 270
它们的总重量为2 270克。

1000克等于1千克,所以2 270克等于2.27千克。

1袋米和2小包米的总重量是2.27千克。

1 求出乘积。

(1) $123 \times 4 =$

(2) $333 \times 9 =$

(3) $835 \times 6 =$

(4) $799 \times 7 =$

2 写出一个乘法等式，使乘积大于500且小于700。

[ ] × [ ] = [ ]

3 艾玛连续玩了三天电子游戏。艾玛周二的得分是周一的一半。周三她的得分是周二的3倍。她周二得了225分。

她这3天总共得了多少分？

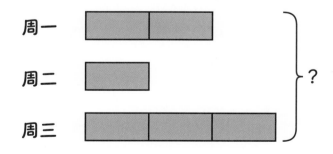

艾玛这三天总共得了 [ ] 分。

三位数除法

准 备

120个小朋友平均分成8组。每组有多少个小朋友？

举 例

120

80   40

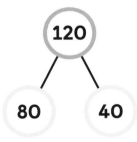

把120分成两部分，方便进行除以8的运算。

80和40除以8都很好算。

$80 \div 8 = 10$
$40 \div 8 = 5$

$120 \div 8 = 15$

每组有15个小朋友。

20

1 求出商。

(1) 168 ÷ 4 = [　　　　]

(2) 861 ÷ 3 = [　　　　]

(3) 545 ÷ 5 = [　　　　]

(4) 918 ÷ 6 = [　　　　]

2 119元平均分给7个人。每个人能分到多少钱？

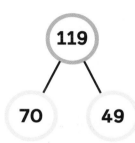

每个人分到 [　　　　] 元。

3 糕点师要把864个蛋挞放进盒子里，每盒放8个。他需要多少个盒子？

糕点师需要 [　　　　] 个盒子。

有余数的三位数除法

准 备

店员把210个杏平均装进袋子里，每袋装8个。

他能装满多少袋？

袋子都装满后，会剩下多少个杏？

举 例

210除以8。

可以把210分成160、48和2。

160 ÷ 8 = 20

48 ÷ 8 = 6

```
       210
      /    \
   160     50
    |      /  \
    ↓    48    2
   20    |     |
         ↓     ↓
         6    余数
```

2不能被8整除，所以还剩下2个杏。

然后将这两个商相加并写出余数。

210 ÷ 8 = 26 余 2

20 + 6 = 26 余 2

还可以列竖式计算。

```
        2   6
8 )  2  1   0
   -  1  6    ⟶  20 × 8 = 160
         5  0
    -    4  8  ⟶  6 × 8 = 48
            2  ⟶  余数
```

$210 \div 8 = 26$ 余 2

店员能装满26袋，还会剩下2个杏子。

练 习

1 求出商和余数。

(1) $200 \div 7 =$

(2) $314 \div 6 =$

(3) $567 \div 8 =$

2 6个班的学生平均分179支铅笔。

(1) 每班分到几支铅笔？

每班分到 □ 支铅笔。

(2) 还剩下多少支铅笔？

还剩下 □ 支铅笔。

乘法和除法

准 备

店主购进一小箱和一大箱手机壳。小箱子里有84个手机壳，大箱子里的手机壳数量是小箱子的4倍。

如果把这些手机壳全部重新装袋，每袋装4个手机壳，那么店主能装多少袋？

举 例

首先要求出手机壳的总数。

84

?

用84乘5来计算手机壳的总数。

$$84 \times 5 = 420$$

然后用4除420来算出店主装的袋数。可以把420分成400和20。

420

400   20

$$420 \div 4 = 105$$

店主能装105袋手机壳。

1 水上乐园里儿童的数量是成人的2倍。其中成人有128个。水上乐园里一半的人都戴着护目镜。请问有多少人没戴护目镜?

个人没戴护目镜。

2 露露有3种颜色的珠子。蓝珠子是红珠子的3倍,绿珠子是红珠子的2倍。露露有85颗红珠子。制作一条项链需要30颗珠子。露露能做多少条项链?

露露能做 条项链。

假分数的化简

准 备

面包店有 $2\frac{1}{2}$ 个蛋糕。如果面包师把蛋糕每 $\frac{1}{8}$ 个切成一块,能切多少块?

  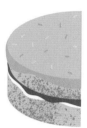

举 例

每块蛋糕是整个蛋糕的八分之一。

一整个蛋糕能切8块,半个蛋糕就是4块。

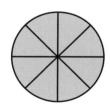 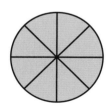 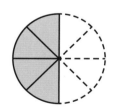

8个八分之一 + 8个八分之一 + 4个八分之一 = 20个八分之一

$2\frac{1}{2} = \frac{20}{8}$

如果面包师把 $2\frac{1}{2}$ 个蛋糕每 $\frac{1}{8}$ 个切成一块,能切20块。

计算出总块数:
$8 + 8 + 4 = 20$
总共有20个八分之一。

26

1 咖啡馆有2瓶5$\frac{1}{2}$升装的番茄酱。店员要把它们装到$\frac{3}{4}$升的瓶子里，摆在餐桌上。店员能装满多少个$\frac{3}{4}$升的瓶子？

店员能装满 ☐ 个$\frac{3}{4}$升的瓶子。

2 每位顾客吃$\frac{2}{5}$个比萨。如果餐厅有4$\frac{4}{5}$个比萨，能招待多少位顾客？

餐厅能招待 ☐ 位顾客。

分数的加法

准备

咖啡馆打烊后，两个等大的蛋糕中分别还剩下如图所示的几块。请问总共剩下多少个蛋糕？

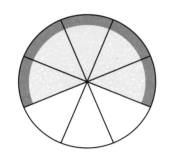 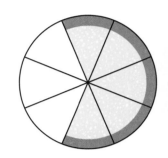

举例

两个蛋糕都还剩下 $\frac{5}{8}$，可以把 $\frac{5}{8}$ 和 $\frac{5}{8}$ 相加，求出剩下的蛋糕数量。

   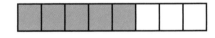

5 个八分之一   +   5 个八分之一   =   10 个八分之一

如果把一个蛋糕中的几块移过去补全另一个蛋糕，就能求出还剩多少。

有1整个蛋糕和2块蛋糕。每块蛋糕是整个蛋糕的 $\frac{1}{8}$。还剩 $1\frac{2}{8}$ 个蛋糕。

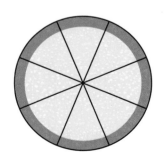 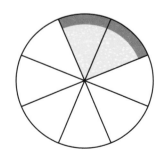

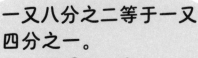

一又八分之二等于一又四分之一。

$$1\frac{2}{8} = 1\frac{1}{4}$$

总共剩下 $1\frac{1}{4}$ 个蛋糕。

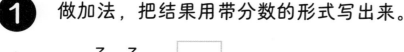

练 习

1 做加法，把结果用带分数的形式写出来。

(1) $\frac{3}{4} + \frac{3}{4} = 1$ ▢

(2) $\frac{5}{8} + \frac{7}{8} = 1$ ▢

(3) $\frac{9}{10} + \frac{7}{10} =$ ▢

(4) $3\frac{4}{5} + 4\frac{3}{5} =$ ▢

2 萨姆有 $\frac{7}{9}$ 块巧克力，雅各布有 $\frac{5}{9}$ 块。

这两个男孩总共有多少块巧克力？

这两个男孩总共有 ▢ 块巧克力。

3 查尔斯有两条彩带。其中一条长 $2\frac{5}{6}$ 米，另一条长 $3\frac{1}{2}$ 米。查尔斯的彩带总长度是多少？

查尔斯总共有 ▢ 米长的彩带。

分数的减法

准 备

汉娜正在烤馅饼。她有 $2\frac{1}{5}$ 千克糖，她往馅饼里放了 $\frac{3}{5}$ 千克糖。汉娜还剩多少糖？

举 例

$2\frac{1}{5}$ 等于 $\frac{11}{5}$。用 $\frac{11}{5}$ 减去 $\frac{3}{5}$。还剩下 $\frac{8}{5}$。

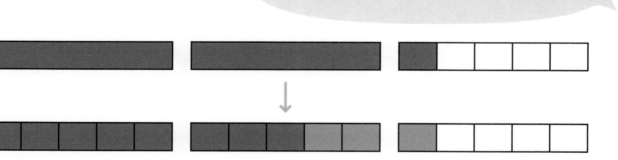

$\frac{8}{5}$ 相当于 $1\frac{3}{5}$。

$$\frac{8}{5} = 1\frac{3}{5}$$

汉娜还剩 $1\frac{3}{5}$ 千克糖。

1 艾玛壶里有 $2\frac{1}{4}$ 升水，她用 $\frac{3}{4}$ 升水做了果汁饮料。

壶里还剩多少水？

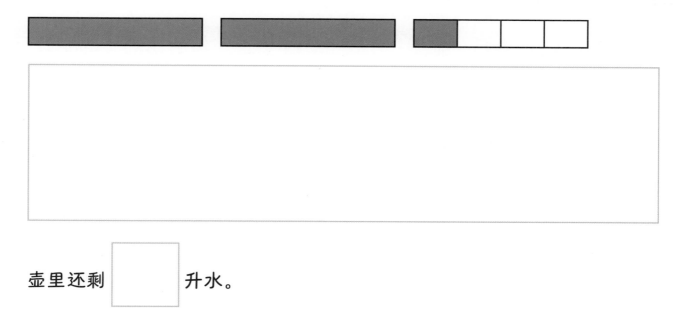

壶里还剩 ☐ 升水。

2 桶里有 $3\frac{1}{6}$ 升颜料。奥克的爸爸用了 $\frac{2}{3}$ 升颜料粉刷墙壁。

桶里还剩多少颜料？

桶里还剩 ☐ 升颜料。

用分数计算数量

准 备

露露有2升牛奶。她用 $\frac{1}{3}$ 升做了一杯奶昔，然后把剩下的牛奶平均倒入5个等大的杯子中。

每个杯子里有多少牛奶？

举 例

2升

$2 = \frac{6}{3}$

2相当于 $\frac{6}{3}$。

$\frac{6}{3} - \frac{1}{3} = \frac{5}{3}$

还剩 $\frac{5}{3}$ 升牛奶。

每个杯子里有 $\frac{1}{3}$ 升牛奶。

1 萨姆有一袋3千克的大米。他用了 $\frac{3}{4}$ 千克，然后把剩下的大米倒入 $\frac{1}{4}$ 千克的袋子里。

萨姆能装满多少个 $\frac{1}{4}$ 千克的袋子？

1千克

$\frac{3}{4}$ 千克	$\frac{1}{4}$ 千克								

萨姆能装满 ☐ 个 $\frac{1}{4}$ 千克的袋子。

2 艾玛有 $\frac{21}{4}$ 升菠萝汁，她用了 $\frac{11}{8}$ 升做冰沙。

艾玛还剩多少菠萝汁？

艾玛还剩 ☐ 升菠萝汁。

3 雅各布有2个蛋糕。他吃了 $\frac{1}{3}$ 个蛋糕，然后把剩下的蛋糕平均分给10个小伙伴。每个小伙伴能分到多少个蛋糕？

每个小伙伴能分到 ☐ 个蛋糕。

计算时间段

准 备

拉维从家走到电影院需要20分钟。他在电影院待了85分钟，看完电影走回家，18:20到了家。

拉维几点从家出发去电影院的？

举 例

20 分钟 + 85 分钟 + 20 分钟 = 125 分钟

125 = 60 + 60 + 5
125 分钟 = 2 小时 5 分钟

60分钟 = 1小时

16:15也就是下午四点一刻。

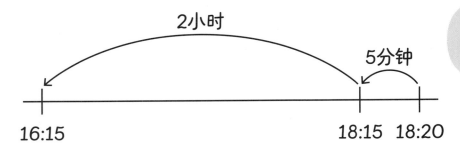

2小时

5分钟

16:15   18:15 18:20

拉维是16:15从家出发的。

1 公交车走完全程通常需要105分钟，但这次公交车在中途耽搁了半小时，最后于21:40到达终点站。公交车是几点出发的？

公交车于 ☐ 出发。

2 奥克在下午12:35离开家，下午3:45回来了。奥克离开家多长时间？

奥克离开家 ☐ 小时 ☐ 分钟。

3 阿米拉到购物中心需要50分钟，她想先逛45分钟，再花30分钟吃午饭。她得在17:50前到家。阿米拉要在几点离开家去购物中心？

阿米拉要在 ☐ 离开家去购物中心。

面积的测量

准 备

艾略特把本子放到了雅各布的画上。能否算出雅各布画的这个长方形的面积？

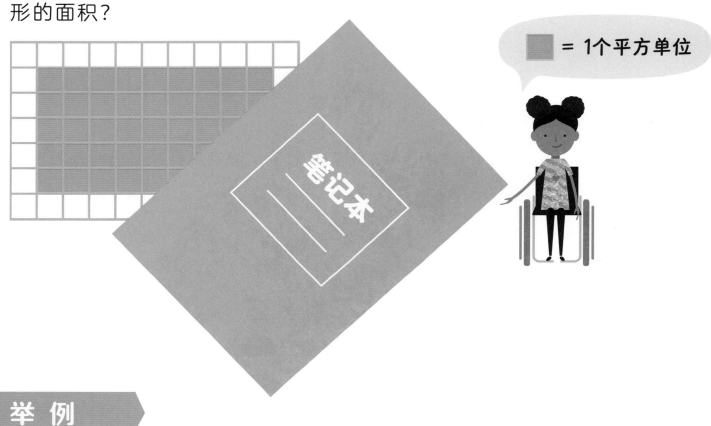

= 1个平方单位

举 例

每行有9个平方单位。

一共有5行。

9 × 5 = 45

能求出这个长方形的面积，是45个平方单位。

求出下列长方形原本的面积。

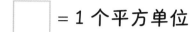 = 1 个平方单位

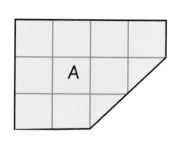

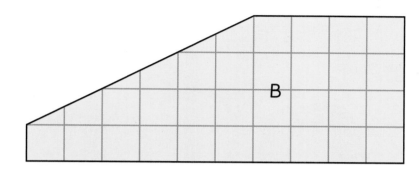

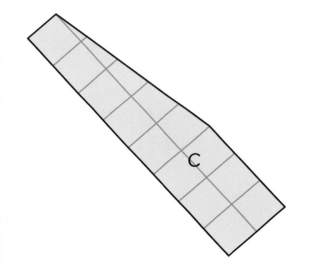

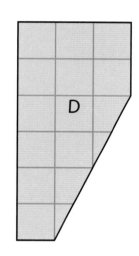

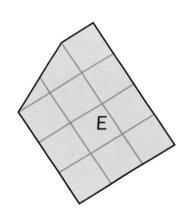

1 A的面积 = ☐ 个平方单位

2 B的面积 = ☐ 个平方单位

3 C的面积 = ☐ 个平方单位

4 D的面积 = ☐ 个平方单位

5 E的面积 = ☐ 个平方单位

金额的估算

准 备

如图所示有4件二手物品，把每件物品的价格四舍五入，估算它们的总价。

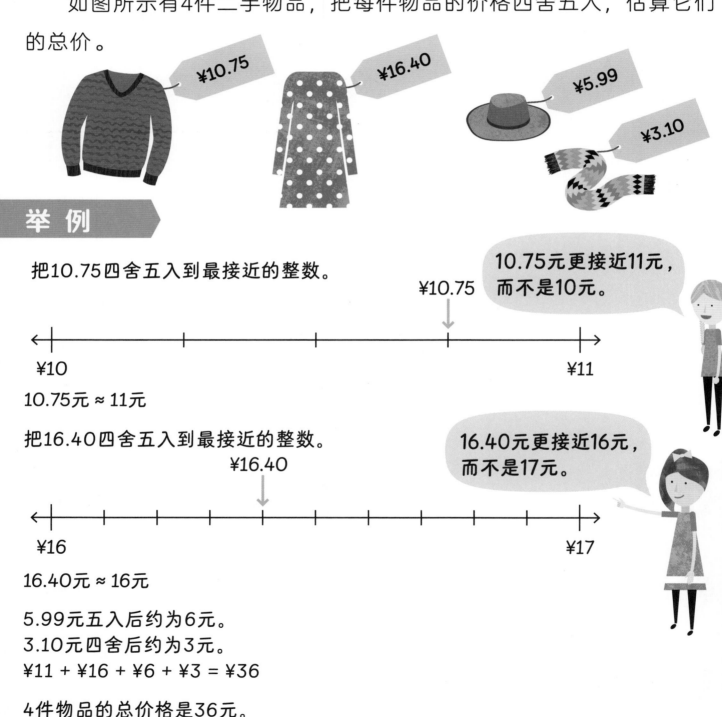

举 例

把10.75四舍五入到最接近的整数。

> 10.75元更接近11元，而不是10元。

¥10.75

¥10   ¥11

10.75元 ≈ 11元

把16.40四舍五入到最接近的整数。

> 16.40元更接近16元，而不是17元。

¥16.40

¥16   ¥17

16.40元 ≈ 16元

5.99元五入后约为6元。
3.10元四舍后约为3元。
¥11 + ¥16 + ¥6 + ¥3 = ¥36

4件物品的总价格是36元。

1 将物品价格分别四舍五入到最接近的整数，然后估算它们的总价格。

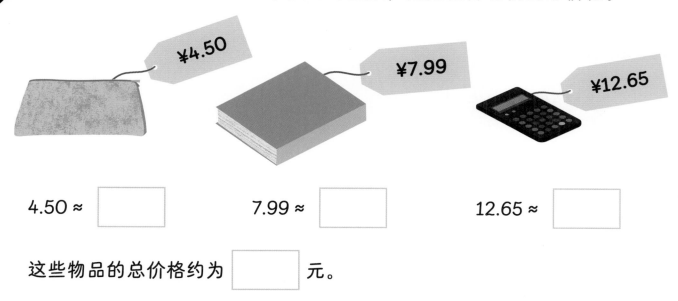

4.50 ≈ ☐   7.99 ≈ ☐   12.65 ≈ ☐

这些物品的总价格约为 ☐ 元。

2 （1）把每项价格四舍五入到最接近的整数，然后估算这顿饭的总花销。

美味饭馆

炸鱼薯条	¥8.90
芝士烤三明治	¥5.50
咖喱鸡	¥10.10
三文鱼沙拉	¥15.55
冰淇淋	¥4.00
4杯奶昔	¥16.80
总计	

这顿饭的总花销约为 ☐ 元。

（2）哪一项不需要四舍五入？ ☐

绘制轴对称图形

准 备

查尔斯正在制作一些图案。

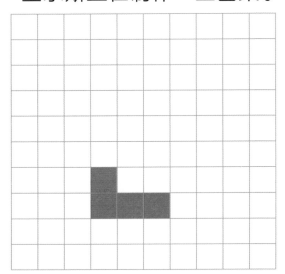 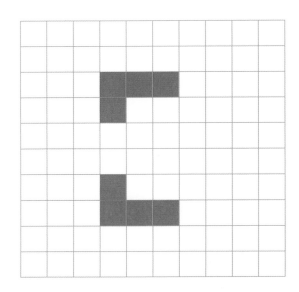

他把纸沿着哪条线对折才使这个图案轴对称的?

举 例

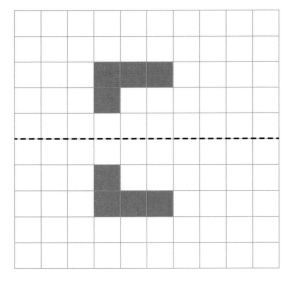

这是对称轴。

查尔斯沿着这条虚线将纸对折,构成了这个轴对称图形。

查尔斯又用红色颜料画了其他图案。想一想，查尔斯是如何将纸对折，使左图变成右图的轴对称图形的，画出它们的对称轴

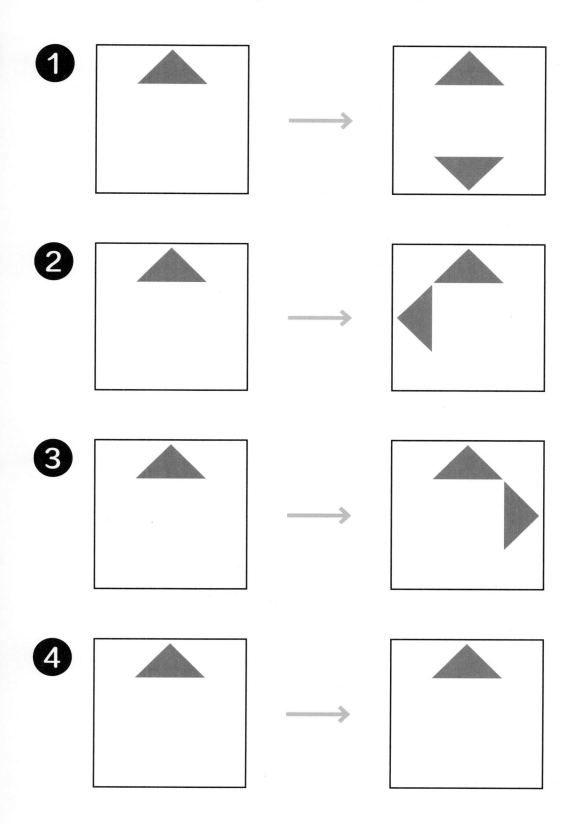

描述平移过程

准 备

如何移动图形 $PQRS$，使 Q 落在（5,5）？

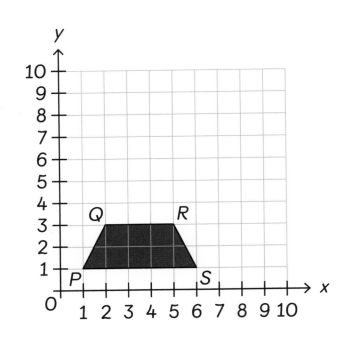

举 例

可以用两种不同的方式移动图形 $PQRS$，使点 Q 落在（5,5）。

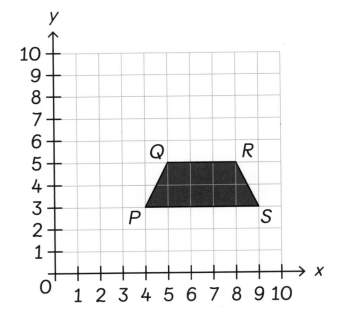

把图形先向上平移2个单位，再向右平移3个单位。

也可以把图形先向右平移3个单位，再向上平移2个单位。

1

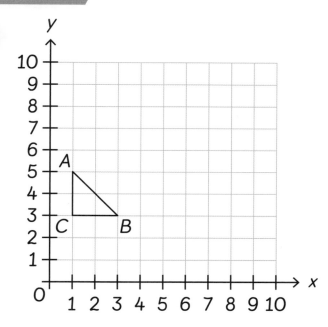

用上、下、左、右描述下列各点的平移过程。

(1) B移至(2,2)：向 ☐ 移动 ☐ 单位，向 ☐ 移动 ☐ 单位。

(2) A移至(4,6)：向 ☐ 移动 ☐ 单位，向 ☐ 移动 ☐ 单位。

(3) C移至(2,5)：向 ☐ 移动 ☐ 单位，向 ☐ 移动 ☐ 单位。

2

(1) 用这3个坐标画出一个三角形：
A (3,6), B (3,4), C (5,4)。

(2) 把这个三角形向右平移1个单位，再向上平移3个单位。

(3) 写出平移后各点的坐标。

A (☐ , ☐)

B (☐ , ☐)

C (☐ , ☐)

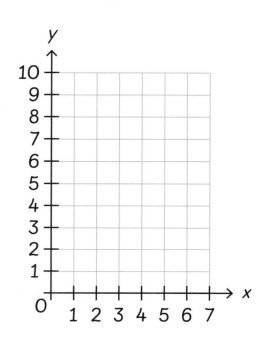

罗马数字

准 备

　　罗马数字是起源于古罗马的一种计数体系，罗马人用字母表示数字。1到20是这样写的：

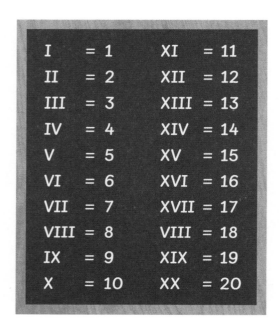

I	= 1	XI	= 11
II	= 2	XII	= 12
III	= 3	XIII	= 13
IV	= 4	XIV	= 14
V	= 5	XV	= 15
VI	= 6	XVI	= 16
VII	= 7	XVII	= 17
VIII	= 8	VIII	= 18
IX	= 9	XIX	= 19
X	= 10	XX	= 20

如何用罗马数字写更大的数呢？

举 例

用数字1到20的写法来推算如何写出更大的数。

II = 2　　　　　　　　　　XX = 20

III = 3　　　　　　　　　　XXX = 30

4的写法是比5小1。

IV = 4

L是50，那40的写法是比50小10。

XL = 40

所以60是LX，70是LXX，
80是LXXX。

把10写在100之前
就是90。
XC = 90

C = 100

练习

1 拉维书中的章节编号就是罗马数字。这些罗马数字代表什么？

(1)

> XIII – 黑暗之夜

XIII = _____

(2)

> XXIV – 重返故地

XXIV = _____

(3)

> XLVI – 末日将至

XLVI = _____

2 用罗马数字写出以下各数。

(1) 88 = _____   (2) 49 = _____

(3) 44 = _____   (4) 99 = _____

参考答案

第 5 页　**1** (1) 12.6　(2) 88　(3) 10.10　(4) 95.09　**2** (1~2) 答案不唯一。如: 35.69, 56.93, 69.53, 95.36.
3 2.53

第 7 页　**1** (1) 46.9千克 ≈ 47千克　(2) 25.1千克 ≈ 25千克　(3) 44.5千克 ≈ 45千克　**2** (1) 12.7厘米 ≈ 13厘米
(2) 15.2厘米 ≈ 15厘米; 两条彩带的总长度约为28厘米。

第 9 页　**1** (1) $\frac{4}{10}$ = 4个 $\frac{1}{10}$ = 0.4　(2) $\frac{3}{4}$ = 75 个 $\frac{1}{100}$ = 0.75　(3) $\frac{2}{5}$ = 4个 $\frac{1}{10}$ = 0.4

2 (1) $6\frac{7}{10}$ 千克 = 6.7千克　(2) $3\frac{1}{2}$ 厘米 = 3.5厘米　(3) $2\frac{1}{4}$ 千米 = 2.25千米　(4) $7\frac{4}{5}$ 千克 = 7.8千克

第 11 页　**1** 9 ÷ 10 = 0.9　**2** 9 ÷ 100 = 0.09　**3** 11 ÷ 10 = 1.1　**4** 11 ÷ 100 = 0.11
5 80 ÷ 10 = 8　**6** 80 ÷ 100 = 0.8

第 13 页　**1** (1) 2 345 + 10 = 2 355, 2 345 + 9 = 2 354　(2) 100 + 587 = 687, 99 + 587 = 686
(3) 3 269 + 500 = 3 769, 3 269 + 499 = 3 768　(4) 4 231 + 4 000 = 8 231, 4 231 + 3 998 = 8 229
2 (1) 999 + 2 999 = 3 998　(2) 999 + 3 001 = 4 000　(3) 5 997 + 998 = 6 995
(4) 3 998 + 5 998 = 9 996

第 15 页　**1** (1) 43 − 19 = 24　(2) 101 − 99 = 2　(3) 803 − 198 = 605　(4) 1 000 − 326 = 674
(5) 5 000 − 1 674 = 3 326　(6) 9 008 − 99 = 8 909　**2** (1) 1 001 − 999 = 2　(2) 1 001 − 199 = 802
(3) 700 − 675 = 25　(4) 1 700 − 1 575 = 125

第 17 页　**1** 他烤了525个黑麦面包。　**2** 他总共烤了921个面包。
3 面包师总共还剩223个面包。

第 19 页　**1** (1) 123 × 4 = 492　(2) 333 × 9 = 2 997　(3) 835 × 6 = 5 010　(4) 799 × 7 = 5 593
2 答案不唯一。　**3** 艾玛这3天总共得了1 350分。

第 21 页　**1** (1) 168 ÷ 4 = 42　(2) 861 ÷ 3 = 287　(3) 545 ÷ 5 = 109　(4) 918 ÷ 6 = 153　**2** 每个人分到17元。
3 糕点师需要108个盒子。

第 23 页　**1** (1) 200 ÷ 7 = 28 余 4　(2) 314 ÷ 6 = 52 余 2　(3) 567 ÷ 8 = 70 余 7
2 (1) 每班分到29支铅笔。　(2) 还剩下5支铅笔

第 25 页　**1** 192个人没戴护目镜。　**2** 露露能做17条项链。

第 27 页　**1** 店员能装满 $14\frac{2}{3}$ 个 $\frac{3}{4}$ 升的瓶子。　**2** 餐厅能招待12位顾客。

第 29 页　**1** (1) $\frac{3}{4}+\frac{3}{4}=1\frac{2}{4}$ 或 $1\frac{1}{2}$　(2) $\frac{5}{8}+\frac{7}{8}=1\frac{4}{8}$ 或 $1\frac{1}{2}$　(3) $\frac{9}{10}+\frac{7}{10}=1\frac{6}{10}$ 或 $1\frac{3}{5}$　(4) $3\frac{4}{5}+4\frac{3}{5}=8\frac{2}{5}$

2 这两个男孩总共有 $1\frac{3}{9}$ 或 $1\frac{1}{3}$ 块巧克力。

3 查尔斯总共有 $6\frac{2}{6}$ 或 $6\frac{1}{3}$ 米长的彩带。

第 31 页　**1** 壶里还剩 $1\frac{1}{2}$ 升水　**2** 桶里还剩 $2\frac{3}{6}$ 或 $2\frac{1}{2}$ 升颜料。

第 33 页　1 萨姆能装满9个 $\frac{1}{4}$ 千克的袋子。　2 艾玛还剩1$\frac{1}{8}$ 升菠萝汁。

　　　　　3 每个小伙伴能分到 $\frac{1}{6}$ 个蛋糕。

第 35 页　1 公交车于19:25出发。　2 奥克离开家3小时10分钟。
　　　　　3 阿米拉要在14:55离开家去购物中心。

第 37 页　1 A的面积 = 12个平方单位　2 B的面积 = 40个平方单位　3 C的面积 = 16个平方单位
　　　　　4 D的面积 = 18个平方单位　5 E的面积 = 12个平方单位

第 39 页　1 4.50 ≈ 5, 7.99 ≈ 8, 12.65 ≈ 13; 这些物品的总价格约为26元。
　　　　　2 (1) 这顿饭的总花销约为62元。 (2) 冰淇淋

第 41 页　1

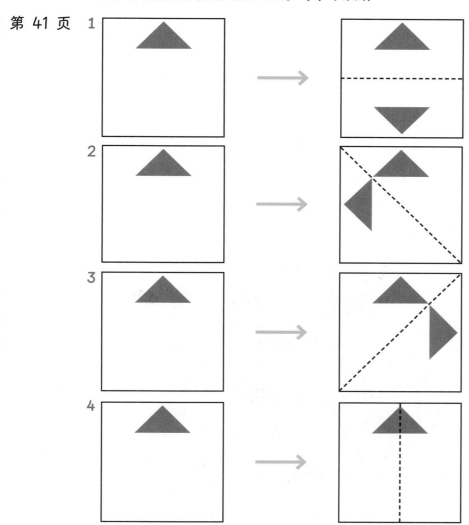

第 43 页　**1 (1)** 向下平移1个单位、向左平移1个单位或向左平移1个单位、向下平移1个单位
(2) 向上平移1个单位、向右平移3个单位或向右平移3个单位、向上平移1个单位
(3) 向上平移2个单位、向右平移1个单位或向右平移1个单位、向上平移2个单位
2 (1)　　　　　　　　　　　　　　　　　　**(2)**　　　　　　　　　　　　**(3)** *A* (4,9), *B* (4,7), *C* (6,7)

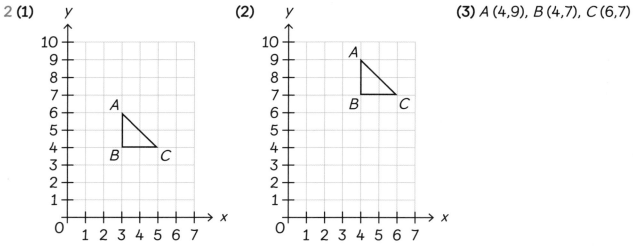

第 45 页　**1 (1)** XIII = 13　**(2)** XXIV = 24　**(3)** XLVI = 46　**2 (1)** 88 = LXXXVIII　**(2)** 49 = XLIX 或 IL
(3) 44 = XLIV　**(4)** 99 = XCIX 或 IC